ABHANDLUNGEN DER DEUTSCHEN AKADEMIE
DER WISSENSCHAFTEN ZU BERLIN

Klasse für Mathematik, Physik und Technik

Jahrgang 1956 Nr. 9

WILLIBALD LICHTENHELDT

GETRIEBETECHNIK IN LEHRE UND FORSCHUNG

Mitteilungen der Sektion für Maschinenbau

1957

AKADEMIE-VERLAG · BERLIN

Vorgetragen auf der 11. Sitzung 1956 der Sektion
für Maschinenbau am 12. 12. 1956

Vorgelegt von Hrn. Jante in der Gesamtsitzung vom 13. Dezember 1956

Zum Druck genehmigt am gleichen Tage, ausgegeben am 22. Juni 1957

Erschienen im Akademie-Verlag GmbH., Berlin W 8, Mohrenstraße 39
Lizenz-Nr. 202 · 100/152/57
Gesamtherstellung: IV/2/14 · VEB Werkdruck Gräfenhainichen · 754
Bestell- und Verlagsnummer: 2001/56/I/9
Preis: DM 4,80
Printed in Germany

Getriebetechnik in Lehre und Forschung

Von W. Lichtenheldt, Dresden

Das in der Technik immer wiederkehrende Problem der Übertragung oder Umformung von Bewegungen oder Energien verlangt das Eindringen in das vielgestaltige Wissenschaftsgebiet der Getriebelehre. In der gleichen Weise wie die Festigkeitslehre, Werkstoffkunde, Wärmelehre und Strömungslehre geht die Getriebelehre quer durch die gesamte Technik und ist somit einer der Grundpfeiler der technischen Wissenschaften, insbesondere der Maschinenbautechnik und der Feinmechanik. So sind die verwickelten Bewegungsvorgänge in einem Webstuhl in der gleichen Weise getriebetechnischer Art wie z. B. die Steuerungsvorgänge in einer Kraftmaschine oder der Mechanismus einer Büromaschine, und die dabei auftretenden Zahnradgetriebe werden zu einem Teilgebiet der Getriebelehre.

Ende der zwanziger Jahre war aus den Kreisen der Wissenschaft und Industrie immer dringender die Forderung erhoben worden, die Technischen Hochschulen sollten das Gebiet der Getriebelehre nicht weiter vernachlässigen, sondern ihm als Lehr- und Forschungsgebiet eine gründliche Pflege angedeihen lassen. Um dieser Forderung Rechnung zu tragen, hatte damals der wissenschaftliche Beirat des VDI die Professoren Kutzbach, Heidebroek und Alt mit der Bearbeitung einer Denkschrift „Die Behandlung der Getriebelehre an den Technischen Hochschulen“ beauftragt. In dieser Denkschrift war die Forderung nach gründlicher Pflege der Getriebelehre mit allem Nachdruck erhoben worden. Die Ursache hierfür lag darin, daß die wissenschaftliche Bearbeitung der Getriebetechnik, die durch das Schrifttum und die Tätigkeit des Getriebeausschusses weiten Kreisen bekannt geworden war, die Notwendigkeit immer dringender erscheinen ließ, der Industrie Ingenieure mit der gründlichen Ausbildung in der Getriebelehre zur Verfügung zu stellen, die zur Bearbeitung der im Maschinen- und Gerätebau auftretenden getriebetechnischen Aufgaben erforderlich ist. Darüber hinaus hatte sich damals schon die Erkenntnis durchgesetzt, daß auf dem Gebiet der Getriebetechnik nicht nur die Lehre, sondern auch die wissenschaftliche Forschung nachdrücklich gepflegt werden muß, um einerseits die Lehre dauernd lebendig zu erhalten und um andererseits die Weiterentwicklung der Getriebetechnik zu sichern. Das Anwendungsgebiet der Getriebelehre ist nicht auf ein Teilgebiet des Maschinenbaus beschränkt, sondern umfaßt nahezu den gesamten Maschinenbau und die Feinwerktechnik. Es seien genannt: die Steuerungsgetriebe der Kraftmaschinen, die Arbeits- und Steuerungsgetriebe der Arbeits- oder Verarbeitungsmaschinen, wie z. B. Textilmaschinen, Werkzeugmaschinen, landwirtschaftliche Maschinen, Druckereimaschinen, die mannigfachen Maschinen der Verarbeitung von Papier und Herstellung von Verpackungen aller Art (Schachteln, Dosen, Tüten usw.), die Kartonnagenmaschinen, die Etikettiermaschinen, die Maschinen der Schuh- und Lederindustrie, die Maschinen der Lebensmittelindustrie, die Maschinen der Tabakverarbeitung und der Zigarettenherstellung, die Maschinen der Streichholzindustrie, die Maschinen zur selbsttätigen Herstellung von Massenartikeln und die unübersehbare Zahl von sonstigen Spezialmaschinen, wie die Maschinen der Glasverarbeitung, Tubenfüll- und Schließmaschinen und viele Maschinen der chemischen Industrie. Besonders zu erwähnen sind die zahlreichen Getriebe der Feinmechanik, insbesondere der Automaten, der Schreib-, Rechen- und Buchungsmaschinen, der Uhren- und der Kinotechnik, die verwickelte Getriebe benutzen, die erst durch die Getriebelehre einer planmäßigen wissenschaftlichen Behandlung zugängig gemacht werden. Die Getriebelehre gehört daher zu den grundlegenden technischen Wissenschaften. Die Getriebe, mit denen sie sich befaßt, haben die Aufgabe, eine vorgelegte Bewegung zwangläufig in eine andere Bewegung umzuformen.

Die Lehre von den Getrieben teilt man in drei Teilgebiete ein: 1. Systematik, d. i. die Ordnung und Untersuchung der Möglichkeiten der Getriebe; 2. Getriebeanalyse, d. h. zeichnerische und rechnerische Untersuchung der Bewegungsvorgänge, insbesondere der Bahnen, Geschwindigkeiten und Beschleunigungen von Punkten sowie der Massenkräfte bei vorgelegten Getrieben; 3. Getriebesynthese, mit deren Methoden die Abmessungen und die Gestalt der Glieder eines Getriebes sich derart ermitteln lassen, daß vorgeschriebene Bedingen erfüllt werden.

Geschichtlicher Überblick. Die erste wissenschaftliche Behandlung der Getriebelehre reicht zurück bis zum Jahre 1806. Um diese Zeit veröffentlichte MONGE, der einer der bedeutendsten Lehrer der 1794 gegründeten école polytechnique war, eine Ordnung der Getriebe, indem er sie nach der Art der erzeugten Bewegungen gruppierte (kreislinig umlaufend, geradlinig hin und hergehend usw.). Weiter beschäftigten sich mit Getriebeproblemen AMPÈRE, PONCELET, WILLIS, REDTENBACHER. Zum Vater der Kinematik wurde FRANZ REULEAUX (1829—1905), der 1856 nach Zürich und 1864 nach Berlin berufen wurde. Während der Züricher Zeit hatte er enge Berührung mit GUSTAV ZEUNER. REULEAUX verdanken wir eine Systematik der Getriebe, die sich noch heute als zweckmäßig erweist. Etwa in die gleiche Zeit fällt das Wirken von LUDWIG BURMESTER (1840—1927), dessen grundlegendes Werk „Kinematik“ zur klassischen Literatur der Getriebelehre gehört. Es entstand in Dresden, wo er bis zum Jahre 1888 (dem Erscheinungsjahr seines Werkes) den Lehrstuhl für Darstellende Geometrie innehatte. Er folgte einem Ruf nach München. BURMESTER muß als Begründer der Getriebesynthese angesehen werden. Er hat die wissenschaftlichen Voraussetzungen für eine quantitative Getriebelehre geschaffen, an die besonders ALT in seinen bahnbrechenden Arbeiten anknüpfen konnte. Die Konstruktionslehre der Getriebe, wie sie heute unseren Studenten dargeboten wird, ist aus den Arbeiten von BURMESTER-ALT hervorgegangen, und nahezu alle Forschungsarbeiten auf dem Gebiet der Getriebelehre, die in den letzten Jahrzehnten erschienen, nehmen diese grundlegenden Arbeiten zum Ausgangspunkt.

Die Abmessungen der Glieder der Mechanismen sind früher auf dem Wege des Bastelns oder Probierens mühsam ermittelt worden, und man hatte keine Möglichkeit, die Konstruktion hinsichtlich ihrer optimalen Eigenschaften zu prüfen. Heute stellt die Getriebelehre die Verfahren bereit, die Abmessungen exakt derart zu bestimmen, daß praktische Forderungen erfüllt werden. Diesen wissenschaftlichen Methoden der Getriebesynthese ist im allgemeinen der von Burmester angegebene geometrische Ort der Mittelpunkte und der Kreispunkte zugrunde gelegt worden. Ein solcher geometrischer Ort kann bei vier vorgeschriebenen Lagen einer bewegten Ebene als zirkulare Kurve dritten Grades angegeben werden und ermöglicht die Festlegung von Lager- und Gelenkpunkten eines verlangten Getriebes. Aus der allgemeinen Lösung dieser Aufgabe haben sich auf Grund von Forschungsarbeiten zahlreiche Konstruktionsverfahren zur Ermittlung von Gelenkgetrieben entwickeln lassen, und es gelang, eine ganze Reihe einfacher Verfahren bereitzustellen, die den in der Praxis tätigen Konstrukteuren besonders willkommen sind.

Ein einfaches Verfahren konnte für die Konstruktion der Koppelrastgetriebe entwickelt werden, wenn man die Dauer der Rast und die Amplitude der Rastschwinge vorschreibt [1]. Mittelpunkt- und Kreispunktkurve zerfallen hier in aufeinander senkrecht stehende Geraden bzw. Kreis und Gerade, und für die Ermittlung der Abmessungen ist das Zeichnen weniger Linien erforderlich (Abb. 1). Diese einfache Konstruktion ermöglicht die Aufstellung eines

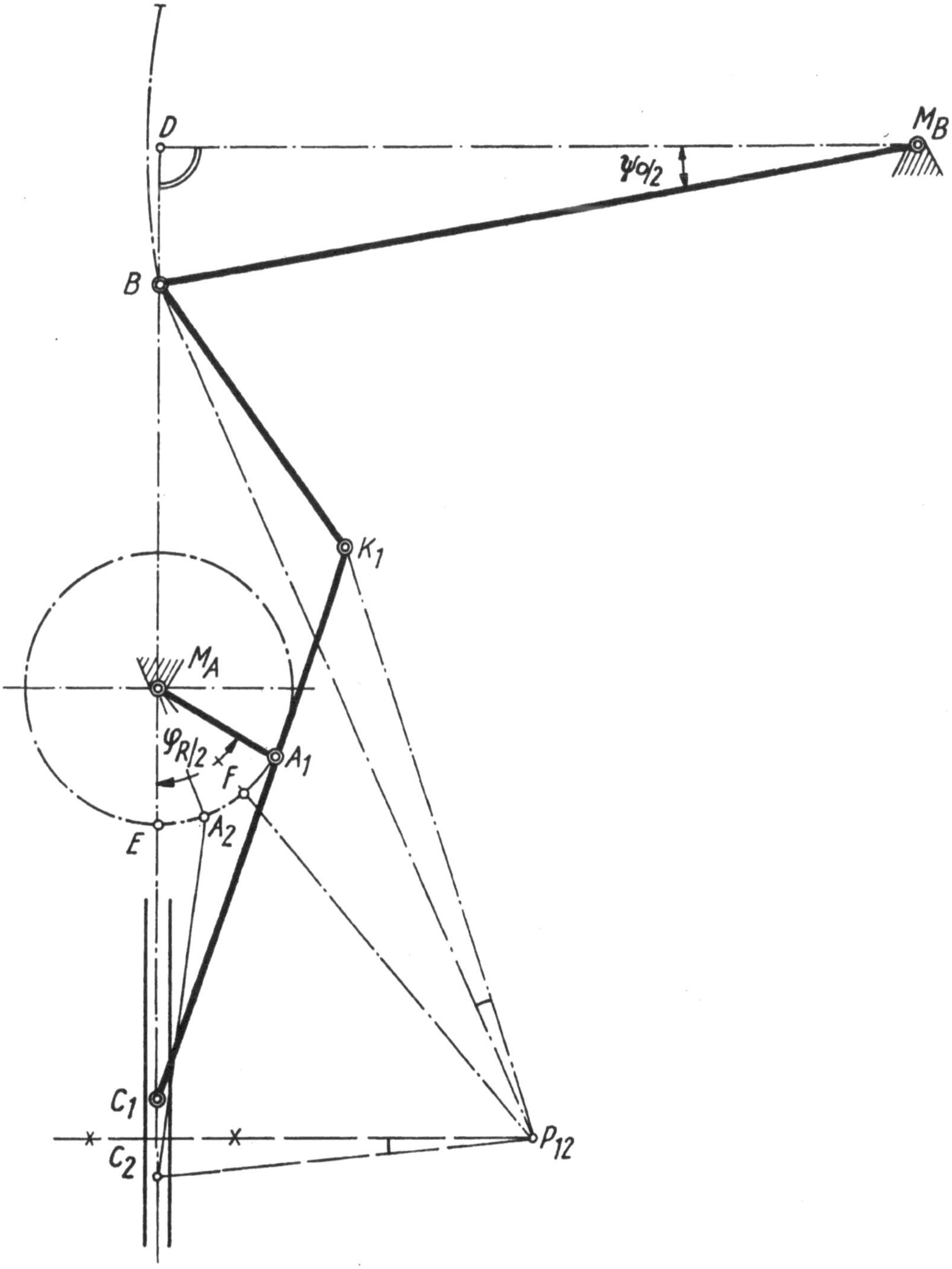

Abb. 1. Zentrische Schubkurbel als Ausgangsgetriebe für ein Koppelrastgetriebe

Diagrammes in der Form eines Konstruktionsblattes, dem alle möglichen Lösungen entnommen werden können (Abb. 2). Die eingezeichneten Kurven geben gleichzeitig einen Überblick über den Gütegrad der Rast, indem die Größe der Abweichung der Koppelkurve von dem durch vier homologe Punkte gehenden Kreis (Rastkreis) ablesbar ist [2]. In gleicher Weise lassen sich mittels weniger Linien die Abmessungen einer Gelenkgeradführung bestimmen (Abb. 3) und alle Lösungen in einem Konstruktionsschaubild zusammenfassen (Abb. 4). Hier ist neben den Getriebeabmessungen die Güte der Geradführung im Diagramm ablesbar, indem die Abweichungen der Koppelkurve von der Geraden vermerkt sind [3].

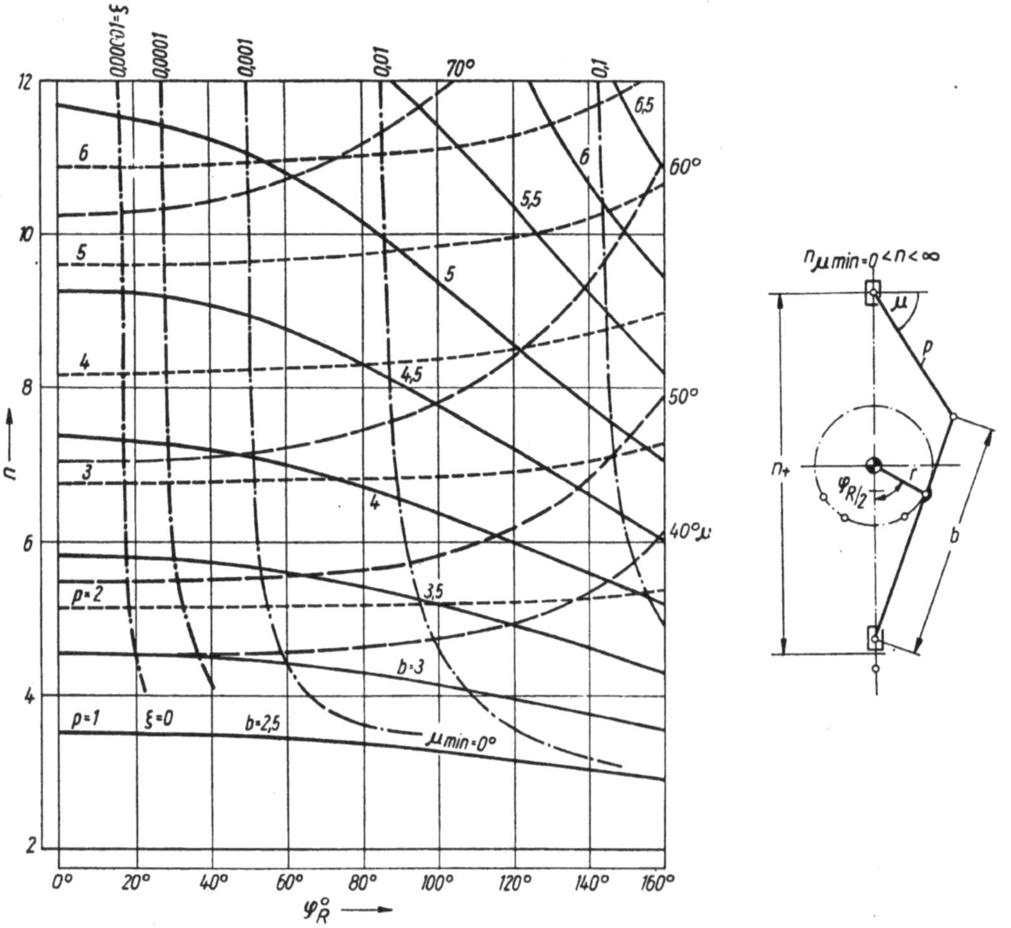

Abb. 2. Konstruktionstafel für Koppelrastgetriebe

Für die Lenkergeradführung läßt sich noch eine andere, einfache Konstruktionsmethode angeben (Abb. 5). Es werden die Länge der Geradführung und der Drehwinkel der Antriebskurbel, während dessen der Koppelpunkt die Gerade durchlaufen soll, vorgeschrieben [4]. Von den vier Lagen der Koppelebene sind je zwei einander parallel, so daß die Mittelpunktkurve in eine gleichseitige Hyperbel und die Kreispunktkurve in zwei aufeinander senkrecht stehende Geraden zerfällt. Da Mittelpunkt- und Kreispunktkurve vom dritten Grade sind, gehört dazu noch jeweils die unendlich ferne Gerade, die aber für die Konstruktion des Getriebes im vorliegenden Fall keine Bedeutung hat. Abb. 6 zeigt die einfache Konstruktion des Getriebes. Der Gelenkpunkt B_1 der Schwinge ist auf der Geraden A_1L (Kreispunktkurve der Lage 1) willkürlich wählbar, ihr Drehpunkt M_B ist dann eindeutig bestimmt.

Werden besondere Anforderungen gestellt, die sich mit einem einfachen viergliedrigen Mechanismus nicht verwirklichen lassen, dann müssen Getriebe mit sechs und mehr Gliedern entwickelt werden. Für den Entwurf solcher Getriebe erweist sich die Methode der Partialsynthese als vorteilhaft [5]. Die gestellten Forderungen werden dabei schrittweise erfüllt und durch Lösung mehrerer Teilaufgaben verwirklicht.

Vorgelegt ist folgendes Bewegungsgesetz (Abb. 7): Über dem Drehwinkel φ (multipliziert mit der Maßstabskonstanten k) ist der Drehwinkel ψ (multipliziert mit der Maßstabskonstanten k') aufgetragen; φ kennzeichnet den Drehwinkel der Antriebskurbel $M_A A$, ψ den Drehwinkel der Schwinge $M_D D$ eines Gelenkmechanismus. Die Schwinge befindet sich zwischen den Punkten 1 und 4 in Ruhe (innere Totlage); die Bewegung beginnt bei 4, und im Punkte 7 ist die äußere Totlage erreicht. Das Zurückschwingen ist im Punkt 1′ beendet. Die Kurvenpunkte 4, 5, 6 liegen symmetrisch zu 1′, 9, 8 gegenüber der Senkrechten durch 7 und sind gleichweit voneinander entfernt. Insgesamt sind je neun Lagen von Kurbel und Schwinge einander zugeordnet (Abb. 8) [6]. Dieser vorgeschriebene Bewegungsverlauf kann von einer Kurbelschwinge (Gelenkviereck) nicht geleistet werden. Der symmetrische Verlauf der Zeit-Weg-Kurve (Punkte 4 bis 7 und 7 bis 1′) läßt aber vermuten, daß ein zentrisches Schubkurbelgetriebe zumindest für eine Teillösung der Aufgabe geeignet ist. Für ein Koppelrastgetriebe aus der zentrischen Schubkurbel sind sechs Glieder erforderlich, und der Übergang der Schubbewegung in die verlangte Drehbewegung der Schwinge verlangt mindestens zwei Glieder, so daß mit Hilfe eines achtgliedrigen Gelenkgetriebes die vorgeschriebenen Bedingungen erfüllt werden können.

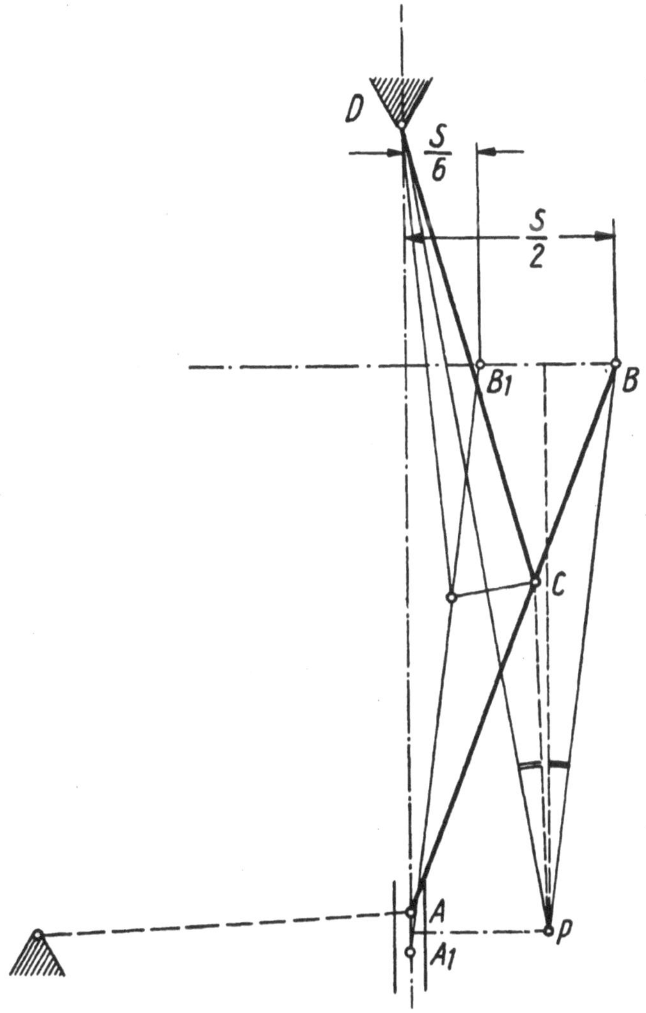

Abb. 3. Ermittlung des Gelenkpunktes C eines angenäherten Ellipsenlenkers bei vorgeschriebenem Lagerpunkt D und einer geforderten vierpunktigen Geradführung des Punktes B

Beim zentrischen Schubkurbelgetriebe entsprechen den zur Schubrichtung symmetrisch gelegenen Stellungen der Antriebskurbel zusammenfallende Lagen des Gleitsteines in der Geradführung, und alle Punkte der Koppelgeraden haben die Eigenschaft, symmetrisch zur Schubrichtung verlaufende Koppelkurven zu beschreiben.

Für eine zentrische Schubkurbel werden der Drehpunkt und die Länge der Antriebskurbel, ihr Drehwinkel während der Rastperiode (Kurbelstellung 1 bis 4), die Länge der Koppel in einem für die Bewegungsübertragung günstigen Verhältnis zur Antriebskurbel, die Schubrichtung für den Gleitstein B sowie die Entfernung eines zweiten Gleitsteines E auf der gleichen Schubrichtung festgelegt (Abb. 9). Auf Grund bekannter Verfahren [7] läßt sich in einfacher Weise der Gelenkpunkt C auf der Koppelgeraden der Schubkurbel bestimmen. Das

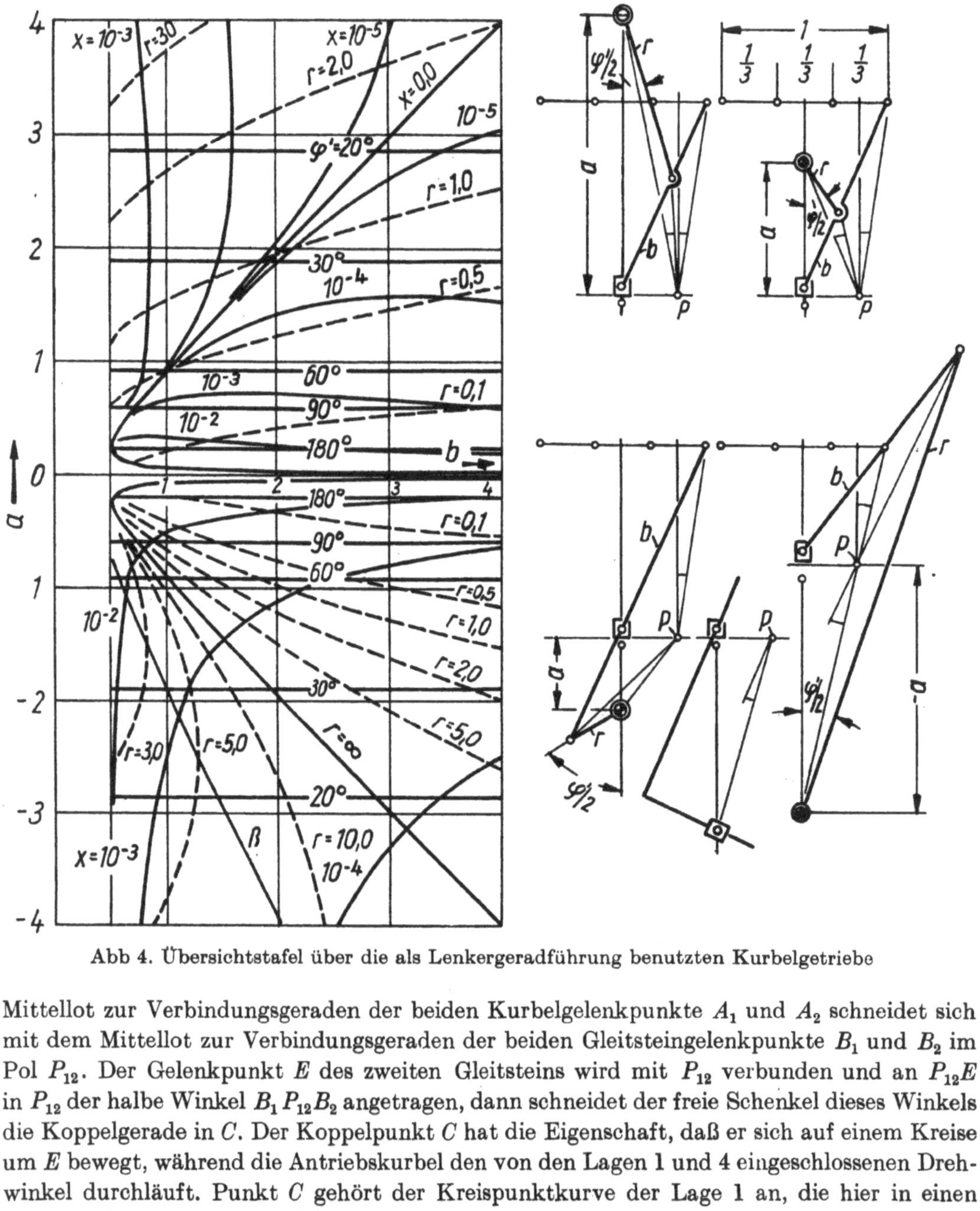

Abb 4. Übersichtstafel über die als Lenkergeradführung benutzten Kurbelgetriebe

Mittellot zur Verbindungsgeraden der beiden Kurbelgelenkpunkte A_1 und A_2 schneidet sich mit dem Mittellot zur Verbindungsgeraden der beiden Gleitsteingelenkpunkte B_1 und B_2 im Pol P_{12}. Der Gelenkpunkt E des zweiten Gleitsteins wird mit P_{12} verbunden und an $P_{12}E$ in P_{12} der halbe Winkel $B_1 P_{12} B_2$ angetragen, dann schneidet der freie Schenkel dieses Winkels die Koppelgerade in C. Der Koppelpunkt C hat die Eigenschaft, daß er sich auf einem Kreise um E bewegt, während die Antriebskurbel den von den Lagen 1 und 4 eingeschlossenen Drehwinkel durchläuft. Punkt C gehört der Kreispunktkurve der Lage 1 an, die hier in einen Kreis und eine Gerade zerfällt. Die Gerade ist identisch mit der Koppelgeraden AB der Schubkurbel. E ist ein Punkt der Mittelpunktkurve, sie zerfällt in zwei aufeinander senkrecht stehende Geraden, zu denen die unendlich ferne Gerade gehört. Die im Bewegungsschaubild durch vier Lagen 1 bis 4 gekennzeichnete Rast ist verwirklicht und somit die erste Teilaufgabe

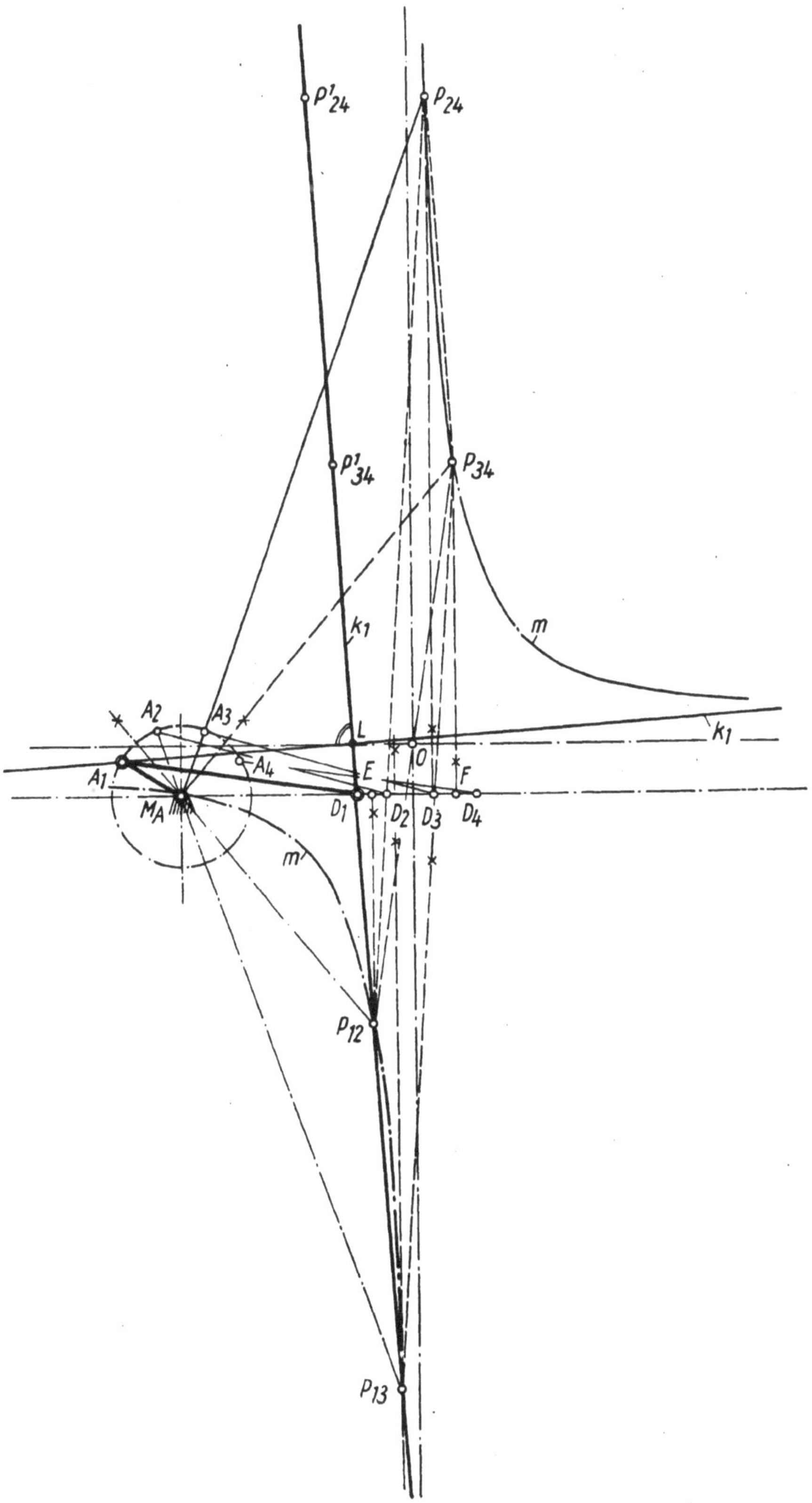

Abb. 5. Ermittlung der Mittelpunktkurve m und der Kreispunktkurve k_1 für die Lage 1 bei vier vorgeschriebenen Lagen der Koppel einer zentrischen Schubkurbel

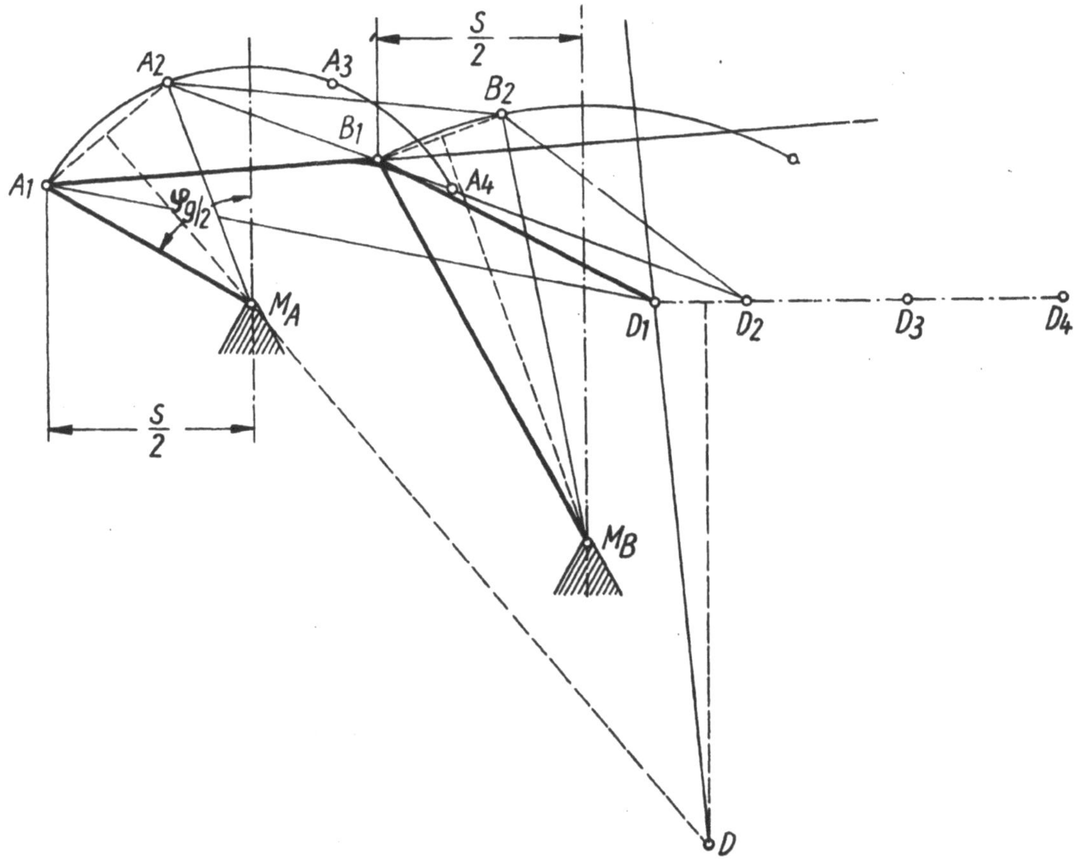

Abb. 6. Lenkergeradführung für einen außerhalb der Koppelgeraden liegenden Punkt D

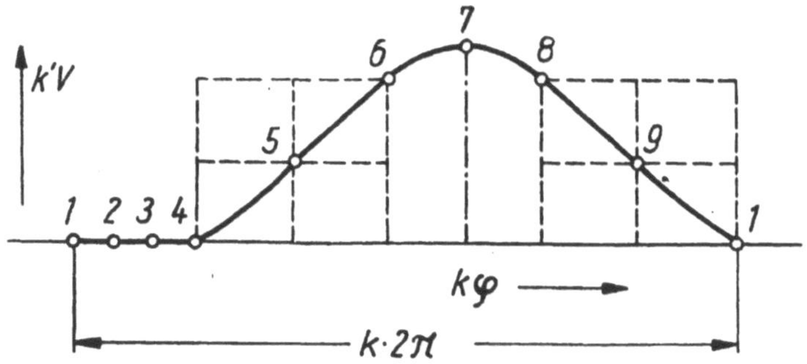

Abb. 7. Bewegungsschaubild
φ = Drehwinkel der Antriebskurbel
ψ = Drehwinkel der Schwinge
k, k' = Maßstabkonstanten

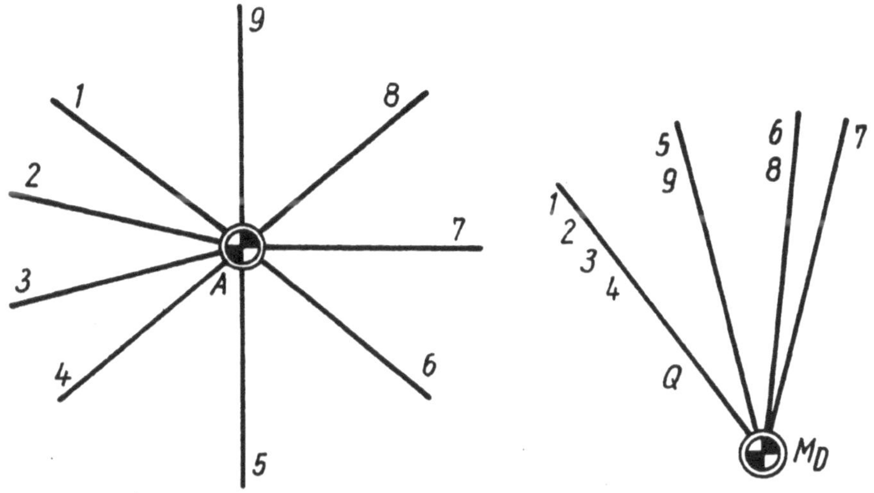

Abb. 8. Zugeordnete Lagen von Antriebskurbel und Schwinge

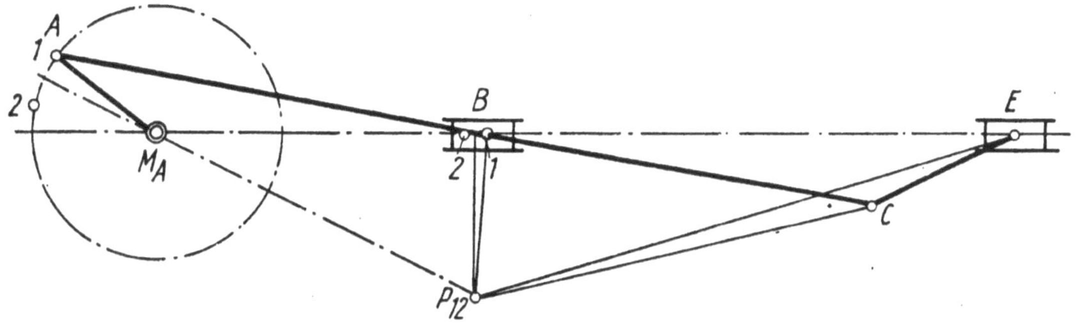

Abb. 9. Ermittlung eines Koppelrastgetriebes aus einem Schubkurbelgetriebe

gelöst; es ist ein Koppelrastgetriebe durch Hintereinanderschaltung zweier zentrischer Schubkurbeln entstanden.

Die zweite Teilaufgabe geht von den vier Lagen $4 \cdots 7$ der Antriebskurbel aus, denen eindeutig vier Lagen des Gleitsteines E zugeordnet sind, die in Abb. 10 mit $e_1' \cdots e_4'$ bezeichnet werden. Diesen letzteren entsprechen vier Lagen $Q_1' \cdots Q_4'$ der Schwinge Q, die im Punkt M_D drehbar gelagert ist. Die Drehwinkel ψ zwischen den einzelnen Stellungen der Schwinge werden dem Bewegungsschaubild entnommen. Die Relativlagen der Gleitsteinebenen $e_1' \cdots e_4'$ gegenüber der Schwingebene Q_1' ergeben die sechs Relativpole R_{12}', R_{13}', R_{14}', R_{23}', R_{24}', R_{34}', die eine Kurve dritten Grades (Mittelpunktkurve) bestimmen [8], auf der der Gelenkpunkt E_1 der Gleitsteinebene e_1' liegen muß. Bei der Bestimmung des Punktes E_1 auf der Mittelpunktkurve kann eine zusätzliche Forderung derart erfüllt werden, daß die zugeordneten Gelenkpunkte D_1 und D_4 der Schwinge Q symmetrisch zu einer durch M_D gehenden Senkrechten gelegen sind. Zu einem Punkt E_1 auf der Mittelpunktkurve wird der zugehörige Punkt D_1 beispielsweise aus dem Poldreieck R_{12}', R_{13}', R_{23}' bestimmt. D_4 liegt auf einem Kreise um M_D mit Halbmesser $M_D\,D_1$ und hat vom Gelenkpunkt E_4 (dessen Lage von der Stellung e_4' der Gleitsteinebene her bestimmt ist) die Entfernung E_1D_1. Das Getriebe hat acht Glieder, davon sind zwei (in den Gelenkpunkten B und E) als Gleitsteine ausgebildet (Abb. 11).

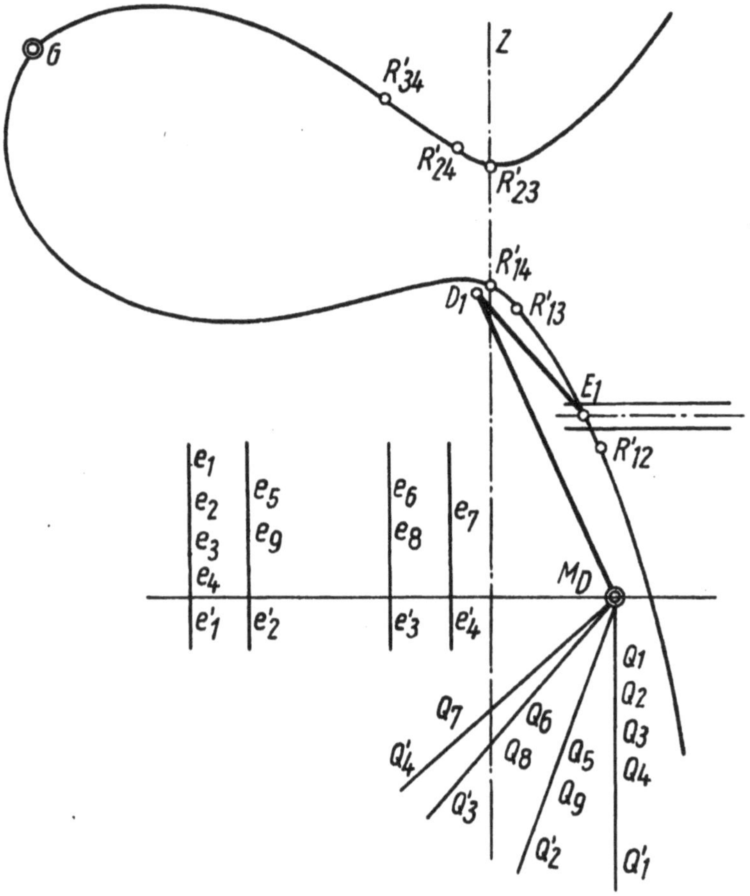

Abb. 10. Ermittlung eines Schubkurbelgetriebes für den Antrieb der Schwinge Q
z = Mittellinie
G = Hauptbrennpunkt

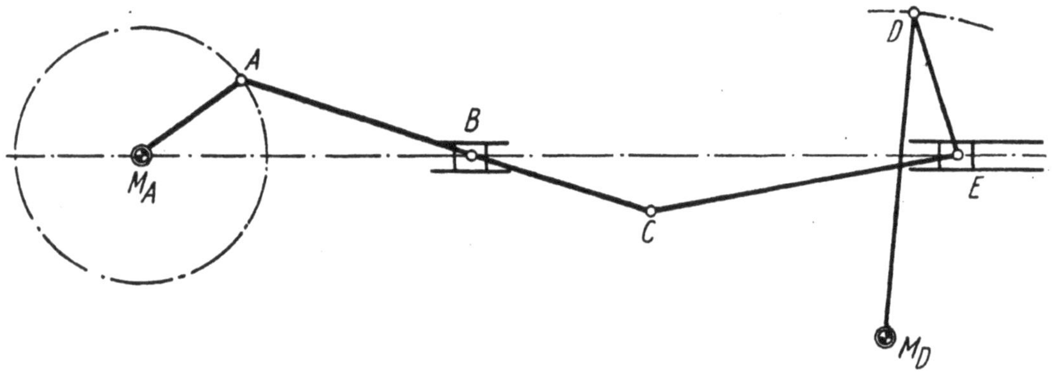

Abb. 11. Achtgliedriges Getriebe mit zwei Gleitsteinen

Soll in einer weiteren Teilaufgabe der Gleitstein in E durch einen geradführenden Lenkermechanismus ersetzt werden, dann sind vier Stellungen $E_1 \cdots E_4$ vorzuschreiben. Die Stellungen E_1 und E_4 sowie die zugehörigen Gelenkpunkte D_1 und D_4 der Schwinge $M_D D$ liegen bereits fest. Die Gelenkpunkte D_2 und D_3 werden so angeordnet, daß die Abstände zwischen den Punkten $D_1 \cdots D_4$ gleichgroß werden, dann sind auf der Geraden E_1E_4 die Punkte E_2 und E_3 bestimmt (Abb. 12). Von der Ebene DE sind vier Lagen $D_1E_1 \cdots D_4E_4$ vorgelegt, und es ist ein Gelenkpunkt F in dieser Ebene zu ermitteln, dessen vier homologe Lagen $F_1 \cdots F_4$ auf einem Kreise liegen. Diese Aufgabe kann in sehr einfacher Weise gelöst werden, da die vier Lagen der Ebene DE paarweise parallel sind [9]. In diesem Sonderfall, liegen M_D und der noch zu ermittelnde feste Drehpunkt M_F auf einer gleichseitigen Hyperbel die durch die Pole $P_{12}P_{13}P_{24}P_{34}$ bestimmt ist (Mittelpunktkurve). Das Aufzeichnen der Hyperbel entfällt, wenn folgender Weg beschritten wird:

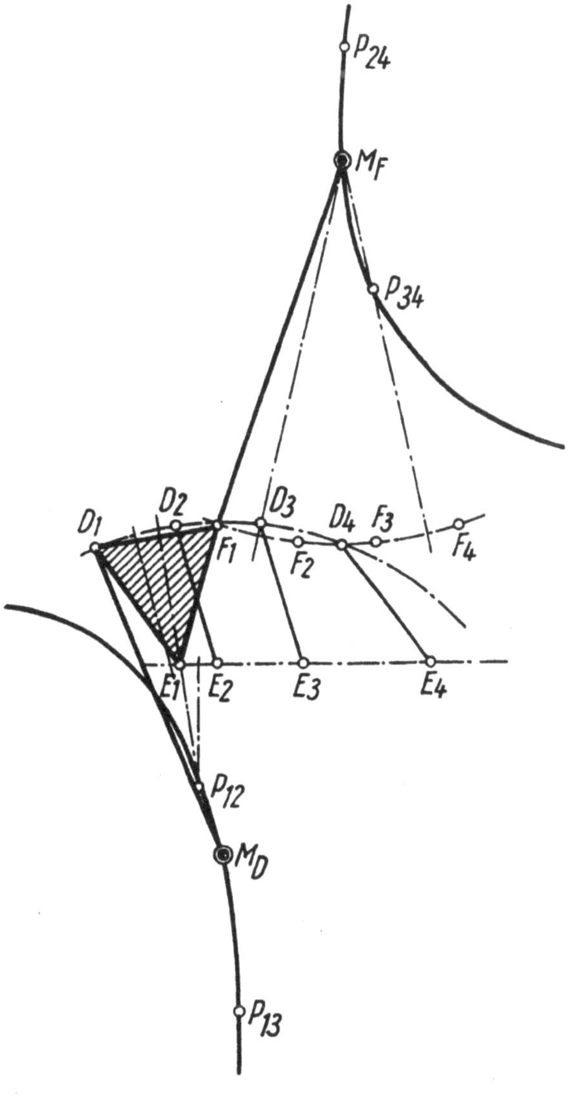

Abb. 12. Ermittlung eines Koppelpunktes F in der Koppelebene DE, der den Gleitstein in E entbehrlich macht.

Die Mittellote zu D_1D_2 und E_1E_2 schneiden sich in P_{12}. Die Verbindungsgerade $P_{12}\,E_1$ und die Senkrechte dazu durch D_1 stellen die Kreispunktkurve dar; dazu gehört noch die unendlich ferne Gerade, die für die vorliegende Konstruktion ohne Bedeutung ist. Der Gelenkpunkt F_1 wird auf der Senkrechten zu $P_{12}E_1$ durch D_1 gewählt, und aus der Kongruenz der Dreiecke $D_1E_1F_1 \cdots D_4\,E_4F_4$ werden $F_2 \cdots F_4$ gefunden. Die Mittellote zu F_1F_2 und F_3F_4 schneiden sich im gesuchten Drehpunkt M_F. Abb. 13 zeigt das Getriebe, welches die gestellen Forderungen erfüllt. Es entsprechen neun Lagen der Antriebskurbel neun Lagen einer in M_D drehbar gelagerten Schwinge, wobei die Lagen $1 \cdots 4{,}5$ und 9, 6 und 8 der Schwinge identisch sind. Die Konstruktion des achtgliedrigen Gelenkgetriebes gelang mit Hilfe dreier Teillösungen, wobei die erste und dritte besonders einfach zu behandeln waren. Aber auch die zweite Lösung, bei der der geometrische Ort der Gelenkpunkte E in der Gestalt einer Kurve dritten Grades mit Hilfe eines Geraden- und eines Kreisbüschels ermittelt wurde, kann nicht als schwierig angesehen werden.

Die beiden folgenden Beispiele befassen sich mit der Konstruktion eines Filmgreifergetriebes für ein vorgegebenes Zeitverhältnis 1 : 3, d. h., der Filmtransport erfolgt während

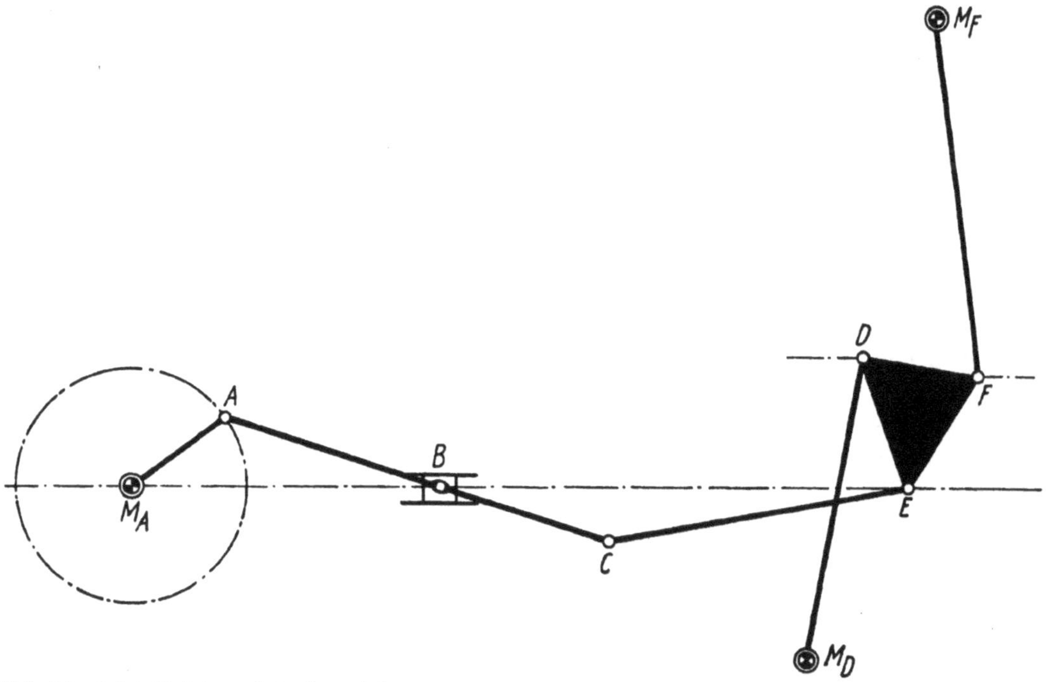

Abb. 13. Achtgliedriges Gelenkgetriebe, bei dem Gleitstein E durch geradführenden Koppeltrieb ersetzt wird

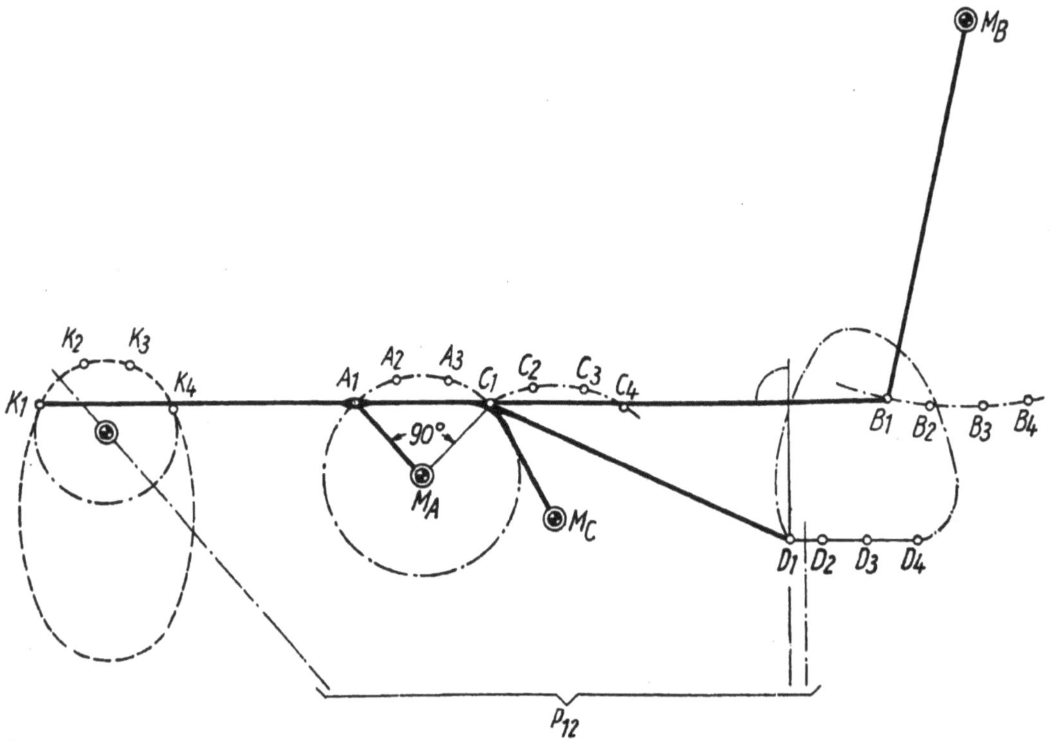

Abb. 14. Einfaches Verfahren zur Bestimmung der Abmessungen eines sechsgliedrigen Koppelgetriebes für eine Geradführung bei gegebenem Zeitverhältnis 1 : 3

einer 90°-Drehung der Antriebskurbel. In diesem Fall liefert das bekannte Verfahren zur Ermittlung viergliedriger Filmgreifergetriebe [10] keine brauchbare Lösung. Es kann aber mit Hilfe der Partialsynthese ein sechsgliedriges Getriebe auf recht einfache Weise ermittelt werden:

Vier Stellungen $K_1 \cdots K_4$ eines Gelenkpunktes K werden auf einem Kreise derart angenommen, daß der Winkel zwischen den Stellungen K_1 und K_4 nahezu 180° beträgt und die Punkte $K_1 \cdots K_4$ gleichweit voneinander entfernt sind (Abb. 14). Die Lage der Geradführung wird vorgeschrieben und die Länge des Greifers K_1D_1 gewählt. Damit sind auch die Stellungen $D_2 \cdots D_4$ bestimmt. Die Mittellote zu K_1K_2 und D_1D_2 schneiden sich in P_{12}. Die Verbindungsgerade $P_{12}D_1$ und die Senkrechte dazu durch K_1 geben den geometrischen Ort an, auf dem die Gelenkpunkte A, B und C liegen. A wird so ermittelt, daß seine Stellungen A_1 und A_4 einen Winkel von 90° einschließen. Mit Hilfe zeichnerischer Interpolation kann der Gelenkpunkt A_1 auf der Senkrechten zu $P_{12}D_1$ durch K_1 so gefunden werden, daß diese Forderung erfüllt wird. Die homologen Punkte $A_2 \cdots A_4$ sind auf Grund der Kongruenz der Dreiecke $K_1A_1D_1 \cdots K_4A_4D_4$ bestimmt, und die Mittellote etwa zu A_1A_2 und A_1A_4 schneiden sich im Kurbeldrehpunkt M_A. Der Kreisbogen $K_1 \cdots K_4$ soll a's Teil der Koppelkurve einer Kurbelschwinge aufgefaßt werden, deren Antriebskurbel $M_A\,A_1$ soeben ermittelt wurde. Der Gelenkpunkt B_1 der Schwinge wird auf K_1A_1 so bestimmt, daß die Schwingenlänge ein Vielfaches der Kurbellänge beträgt. Zu einem Gelenkpunkt B_1 gehören die homologen Punkte $B_2 \cdots B_4$, die aus der Kongruenz der Punktreihen $K_1A_1B_1 \cdots K_4A_4B_4$ folgen. Der Schwingendrehpunkt M_B ist der Schnittpunkt der Mittellote etwa zu B_1B_2 und B_1B_4. Durchläuft die Antriebskurbel die Stellungen $A_1 \cdots A_4$ (90° Drehwinkel), dann werden von dem Koppelpunkt K die Stellungen $K_1 \cdots K_4$ auf einem Kreis durchlaufen, und der übrige Teil der Koppelkurve des Punktes K hat ovale Gestalt (Abb. 14).

Koppelpunkt K wird als Antriebsgelenkpunkt des Filmgreifers aufgefaßt, und wenn der in die Perforation eingreifende Filmgreiferstift D während des Antriebskurbeldrehwinkels von 90° die vorgeschriebene Gerade durchlaufen soll, dann muß der Greifer in einem Gelenkpunkt C eine Führung auf einem Kreisbogen erhalten. C_1 ist auf K_1A_1 willkürlich wählbar, und die homologen Punkte $C_2 \cdots C_4$ sind wiederum aus den kongruenten Punktreihen $K_1A_1C_1 \cdots K_4A_4C_4$ bestimmt. Der feste Drehpunkt M_C ist der Schnittpunkt zweier Mittellote, etwa zu C_1C_2 und C_1C_4. Das sechsgliedrige Gelenkgetriebe ist damit in seinen Abmessungen festgelegt, und Abb. 15 zeigt die konstruktive Ausführungsform.

Bei vorgegebener Koppelkurve können, um zum letzten Beispiel zu kommen, die Abmessungen der Kurbelschwinge auch mit Hilfe der Punktlagenreduktion ermittelt werden [11]. Die Punkte $E_1 \cdots E_4$ liegen auf einem Kreis, sind gleichweit voneinander entfernt und werden als Punkte einer Koppelkurve angesehen (Abb. 16). Der Drehpunkt $M_{B_{1,4}}$ wird auf dem Mittellot E_1E_4 willkürlich gewählt, und die Punkte A_1 und A_4 ergeben sich als Schnittpunkte von Kreisen um E_1 und E_4 mit beliebigem Halbmesser E_1A_1 und einem Kreis um $M_{B_{1,4}}$, dessen Halbmesser ebenfalls gewählt werden kann. Auf dem Mittellot zu A_1A_4 wird M_A so bestimmt, daß der Winkel $A_1M_A\,A_4 = 90°$. Die Punkte A_2 und A_3 ergeben sich als Schnittpunkte von Kreisen um E_2 und E_3 mit Halbmesser E_1A_1 und dem Kreis um M_A mit $M_A\,A_1$. Um den Gelenkpunkt B zu finden, werden die Relativlagen des Drehpunktes $M_{B_{1,4}}$ gegen die Ebene E_1A_1 ermittelt. Man macht $\triangle\, A_2M_{B_{1,4}}\,E_2 \cong \triangle\, A_1M_{B_2}\,E_1$ und $\triangle\, AM_{3B_{1,4}}\,E_3 \cong \triangle\, A_1M_{B_3}\,E_1$. Der Punkt B_1 ist Mittelpunkt eines Kreises durch $M_{B_{1,4}}$, M_{B_2}, M_{B_3}. Damit ist eine Kurbelschwinge bestimmt, deren Koppelpunkt E die Lagen $E_1 \cdots E_4$ durchläuft, während sich die Antriebskurbel $M_A\,A$ um einen Winkel von 90° dreht.

Wie im vorigen Beispiel schließt sich nach der Methode der Partialsynthese eine zweite getriebetechnische Aufgabe an, bei der von dem Koppelpunkt E ausgegangen und die Gerad-

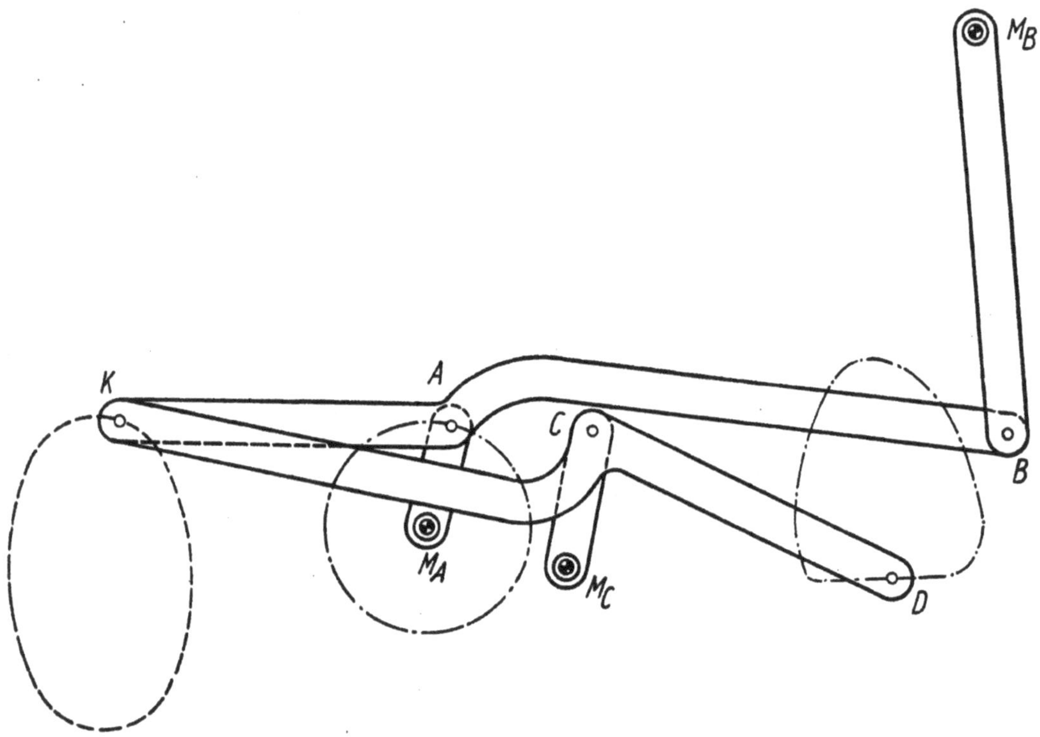

Abb. 15. Konstruktive Ausführungsform des nach Bild 14 ermittelten Getriebes

führung eines Punktes D erzwungen wird. Die Richtung der Geradführung wird senkrecht zum Mittellot zu E_1E_4 angenommen und die Entfernung E_1D_1 willkürlich gewählt (Abb. 17). Damit sind $D_2 \cdots D_4$ bestimmt. Die Mittellote zu E_1E_2 und D_1D_2 schneiden sich in P_{12}. Das Lot von E_1 auf die Gerade $P_{12}D_1$ ist der geometrische Ort für den Schwingengelenkpunkt C_1. Ein solcher Punkt C_1 gehört der Ebene E_1D_1 an, und seine homologen Punkte $C_2 \cdots C_4$ sind durch die kongruenten Dreiecke $E_1C_1D_1 \cdots E_4C_4D_4$ bestimmt. Die Mittellote zu C_1C_2 und C_1C_4 schneiden sich im Schwingendrehpunkt M_C, und damit sind die Abmessungen eines sechsgliedrigen Filmgreifermechanismus gefunden, bei dem das Zeitverhältnis 1 : 3 verwirklicht wird. Während sich die Antriebskurbel M_AA um 90° dreht, wird der Film auf der Strecke D_1D_4 geradegeführt [12]. Die Strecke $D_1 \cdots D_4$ kann auch in umgekehrter Richtung durchlaufen werden, wenn es für das Einstechen des Greiferstiftes in die Perforation und für den Filmtransport vorteilhaft erscheint.

Aus den behandelten Beispielen ist erkennbar, daß bei zweckmäßiger Zerlegung einer getriebetechnischen Aufgabe in einzelne Teilaufgaben recht bequeme Konstruktionsverfahren angewendet werden können. Die Methode der Partialsynthese zeigt damit einen Weg zur einfachen Ermittlung der Abmessungen von mehr als viergliedrigen Gelenkgetrieben auf Grund praktischer Forderungen. Infolge der Aufteilung werden die Einzellösungen klar und übersichtlich, und es lassen sich schwierige Getriebeaufgaben mit wenig Zeichenarbeit lösen. Vor allem den Konstrukteuren in der Praxis wird diese Methode willkommen sein.

Es ist die Aufgabe des Instituts für Getriebelehre und Feinmechanik, den Studierenden der konstruktiven Richtung des Maschinenbaus und der Feinmechanik eine umfassende Ausbildung auf dem Gebiet der Getriebetechnik zu geben, damit sie in der Lage sind, die Mechanismen so zu gestalten, daß verlangte Bewegungen verwirklicht werden. Die Methode des Bastelns und Probierens kann dem heutigen Stande der Technik nicht gerecht werden, an

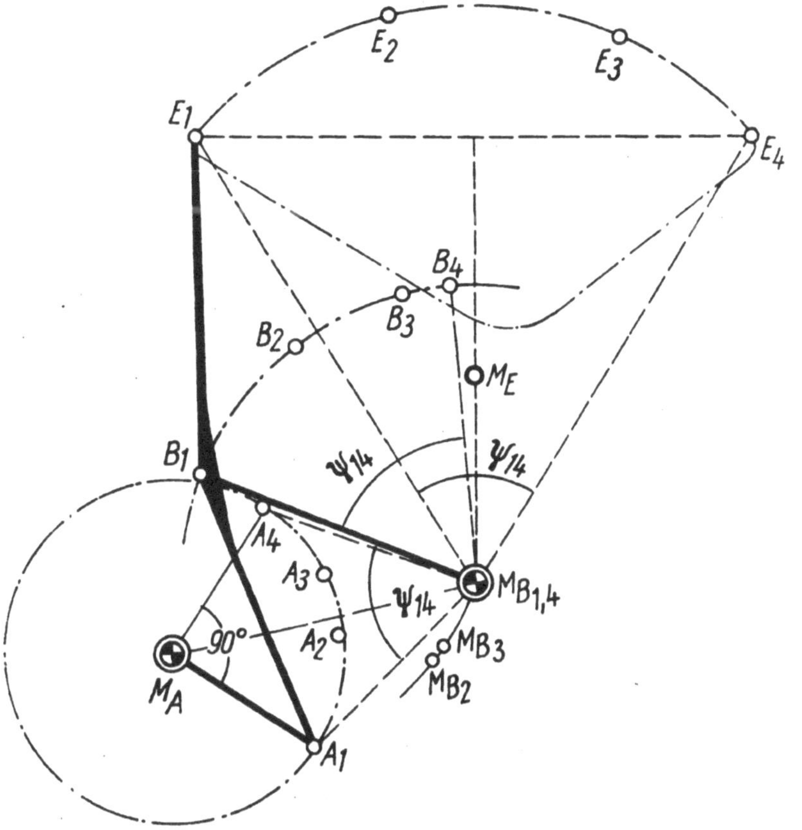

Abb. 16. Konstruktion eines Gelenkviereckes für vier Punktlagen mit M_B als Drehpol P 14 (nach K. HAIN)

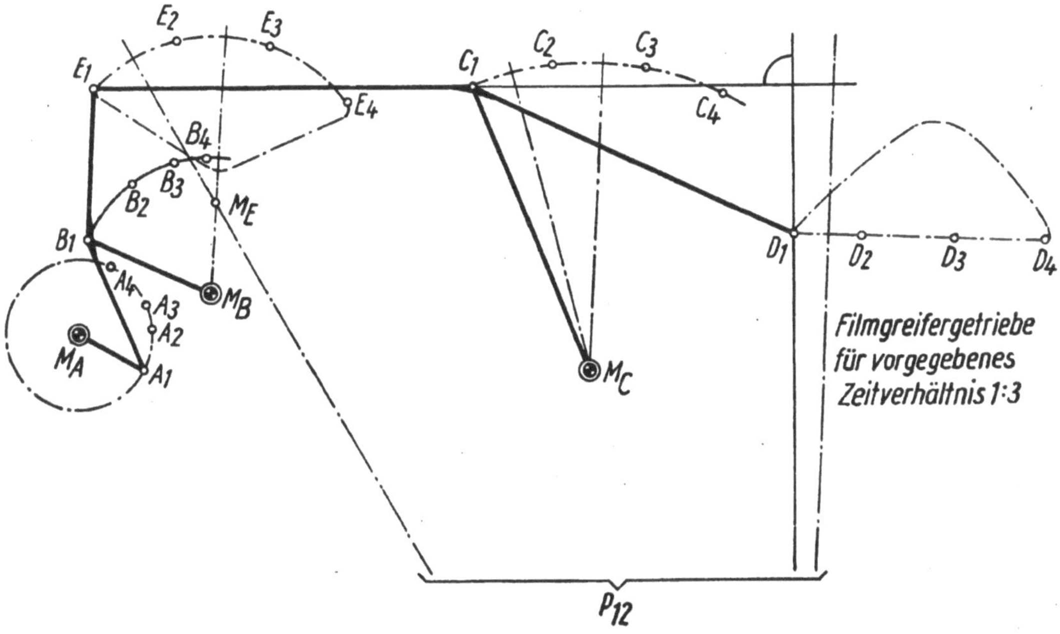

Abb. 17. Ermittlung eines Filmgreifergetriebes für vorgegebenes Zeitverhältnis 1 : 3

ihre Stelle müssen die wissenschaftlichen Verfahren treten, die im Rahmen getriebetechnischer Forschungsarbeiten entwickelt wurden.

Die in vielen Industriezweigen angestrebte Automatisierung schließt die Behandlung zahlreicher getriebetechnischer Fragen ein. Dabei soll unter Automatisierung nicht nur die selbsttätige Herstellung, beispielsweise von Kraftfahrzeugteilen, sondern auch der automatische Ablauf von Arbeitsvorgängen in der Landwirtschaft, in der chemischen Industrie u. a. verstanden werden. Inwieweit wir in der Lage sein werden, die Forderung der Automatisierung zu verwirklichen, hängt zu einem großen Teil davon ab, in welchem Umfange unsere Konstrukteure mit den Mitteln vertraut sind, die uns die Getriebelehre in der Form von wissenschaftlichen Verfahren bereitstellt.

Die in den letzten Jahren am Institut durchgeführten Forschungsaufträge waren geeignet, die getriebetechnisches Konstruktionsarbeit zu rationalisieren. Zahlreiche Konstruktionsblätter, auf deren Bedeutung bereits hingewiesen wurde, sind entstanden und ermöglichen die Abmessungen der Getriebe unmittelbar abzulesen so wie das Getriebe selbst qualitativ zu beurteilen. Es wird angestrebt, die Arbeit des Konstrukteurs künftig noch in weit größerem Umfange durch den Entwurf von Konstruktionsblättern wirksam zu unterstützen.

Literaturverzeichnis

[1] LICHTENHELDT, W., Einfache Konstruktionsverfahren zur Ermittlung der Abmessungen von Kurbelgetrieben. S. 17. Berlin 1941. VDI-Verlag.
[2] — Konstruktionstafeln für Gelenkmechanismen. VDI-Berichte 12 (1956) 37.
[3] — Rationalisierung der Konstruktionsarbeit. Wiss. Z. TH Dresden 3 (1953/54) 423/426.
[4] Siehe [1] S. 20.
[5] — Die Methode der Partialsynthese. Wiss. Z. TH Dresden 5 (1955/56) 79/82.
[6] — Zur Konstruktion von Schaftmaschinengetrieben. Masch.-Bau-Betrieb 17 (1938) 145/147.
[7] Siehe [1] S. 18.
[8] ALT, H., Zur Synthese der ebenen Mechanismen. Z. Angew. Math. Mech. Bd. 1 (1921) 373/398.
[9] Siehe [1] S. 19.
[10] Siehe [1] S. 20.
[11] HAIN, K., Angewandte Getriebelehre. S. 327/341. Hannover 1952.
[12] LICHTENHELDT, W., Lenkergeradführungen im Feingerätebau. Feingerätetechnik 4 (1955) 447/450.

Diskussion zum Vortrag Lichtenheldt

Herr Pauer gibt in der Diskussion noch Beiträge zur historischen Entwicklung der Getriebelehre und Nomographie. Herr Lichtenheldt weist darauf hin, daß es an der Technischen Hochschule Dresden für die Lehre besonders vorteilhaft ist, daß die Vorlesungen „Projektionslehre und Kinematik" sowie „Getriebelehre" in einer Hand liegen. — Da der Begriff „Getriebe" z. T. umfassend, z. T. auf Zahnradgetriebe beschränkt aufgefaßt wird, wird über eine klare begriffliche Trennung diskutiert. Der von Herrn Tränkner vorgeschlagene Begriff „Mechanismentechnik" oder daraus abgeleitet „Mechanismenlehre" oder „Mechanismentheorie" findet keine allgemeine Zustimmung. Die Herren Kienast und Jante weisen auf die elastischen Deformationen der Getriebeglieder durch die statischen und dynamischen Kräfte hin, die bei der Getriebesynthese berücksichtigt werden müßten. Herr Kienast zeigt noch getriebetechnische Probleme der Fördertechnik auf. Herr Jante regt die Entwicklung eines Gelenkgetriebes an Stelle eines in seiner Öffnungszeit verstellbaren Nockens für Ventile von Versuchs-Verbrennungsmotoren an. Herr Tränkner bemerkt, daß die theoretische Getriebelehre viel zu weit vorausgeeilt ist, daß man zunächst die Anwendung in der Praxis weiter fördern sollte. Auch sei das Kurvengetriebe konstruktiv bisher stark vernachlässigt worden. Herr Lichtenheldt stellt dazu klar, daß sein Institut sich besonders mit der Ausarbeitung von Konstruktionstafeln befaßt, um die Anwendung der Getriebesynthese in der Praxis zu vereinfachen, wobei auch zur Abschätzung der Genauigkeit Toleranzbänder mit eingetragen sind. Auch das Kurvengetriebe findet in seiner Vorlesung gebührende Beachtung. Da bei der Untersuchung der Bewegungsgesetze der Nockentriebe auch die dritte Ableitung des Weges nach der Zeit noch mit berücksichtigt werden muß, regt Herr Jante dafür eine Namensgebung an, ebenso für die Fälle, in denen die Kurven der einzelnen Ableitungen Sprünge aufweisen. Der Gebrauch der Bezeichnungen Stoß, Ruck, Schwellung ist noch nicht einheitlich. Er teilt mit, daß er die Veröffentlichung von Nockentabellen für ein Nockensystem mit Stetigkeit noch in der dritten Ableitung vorbereitet.

FSC
www.fsc.org
MIX
Papier | Fördert gute Waldnutzung
FSC® C083411

Kolibri 360 GmbH
Ferdinand-Jühlke-Straße 7
99095 Erfurt, Deutschland
produktsicherheit@kolibri360.de